借问芳名

——西南交通大学风物志

（犀浦·春）

汪铮 罗蕾 著

西南交通大学出版社

·成都·

图书在版编目（CIP）数据

借问芳名：西南交通大学风物志：犀浦·春/ 汪铮，罗蕾著. —成都：西南交通大学出版社，2017.8

ISBN 978-7-5643-5660-6

Ⅰ. ①借… Ⅱ. ①汪… ②罗… Ⅲ. ①西南交通大学–植物志②西南交通大学–动物志 Ⅳ. ①Q948.527.11 ②Q958.527.11

中国版本图书馆 CIP 数据核字（2017）第 195511 号

Jiewen Fangming
Xi'nan Jiaotong Daxue Fengwu Zhi (Xipu·Chun)
借问芳名
——西南交通大学风物志
（犀浦·春）

汪 铮 罗 蕾 著

责 任 编 辑	张慧敏
封 面 设 计	严春艳

出 版 发 行	西南交通大学出版社 （四川省成都市二环路北一段 111 号 西南交通大学创新大厦 21 楼）
发行部电话	028-87600564　028-87600533
邮 政 编 码	610031
网　　　址	http://www.xnjdcbs.com
印　　　刷	四川煤田地质制图印刷厂
成 品 尺 寸	170 mm×230 mm
印　　　张	7
字　　　数	90 千
版　　　次	2017 年 8 月第 1 版
印　　　次	2017 年 8 月第 1 次
书　　　号	ISBN 978-7-5643-5660-6
定　　　价	68.00 元

有关校园的自然书写

一所学校的文化，是由其独特的精神理念、生活空间和物质载体共同构筑的时空整体。师生们求真尽善的精神世界，都无比生动地体现在其教学行知、案卷砚池、饮食起居、宴乐习游、礼俗风尚的每一个细节之中，达成了，可以称之为大美。反过来讲，学校在环境、体制、文化上的设计，理所应当体现出对至善之品质与至美之境界的追求。这些细致的所在，构成了我们常说的风物。

本书所呈现的，实际是所谓风物当中极冷静的一类：草木花鸟。无论是在时间上还是空间上，于一所学校而言，这些自然的存在似乎比其他的存在更像主人。然而它们又是不显眼的，没有传统风物具有的那些特质，既无关乎风成化习，也不会风流云散，只一味地春华秋实、寒来暑往、生生不息。

虽是自然之物，于人而言，却可以微中见著，可以寄情，可以寓心，可以明志。汀花岸竹的野逸，水鸟渊鱼的情趣，珍禽奇花的绚烂，尽可以赏，尽可以摹，尽可以咏，尽可以藏。自在之物，因为有了情趣的投入，使许多普通的草木虫鱼诗化为审美的艺术和学子们永难释怀的乡愁。

王国维在其书中提出"古今之成大事业、大学问者，必经过三种之境界"的说法，脍炙人口。其实他想表达的是，我们于宇宙人生，要能入能出：入则写之，出则观之；要轻视外物，但又重视外物；要有内美，要有修能；要忠实：不仅对人，对一草一木亦然。本书的立意，也在于此。一草一木，一花一羽，"心传目击之妙，一写于毫端间"。篇幅虽短，看似平淡，却蕴涵交大人的深情远致。我们希望从此书开始，如果可以使不管是远在他乡还是近在咫尺的交大人略微停下匆匆的脚步，望一望，念一念，就好了。

汪　铮

2017 年 6 月 6 日

目录
contents

壹

在春天里开花才是正经事儿

肆

有翅膀的鸟儿是自由的化身

壹 在春天里开花才是
正经事儿

目 毛茛目

科 木兰科

属 木兰属

拉丁学名 Magnolia denudata

朝饮木兰之坠露兮，

夕餐秋菊之落英。

——屈原

拍摄地点：天佑斋 2 号楼

玉兰

冬去春来，西南交通大学[1]校园里每年春天开放得最早的花要算是玉兰了。寒假还未结束时，一号教学楼和南区校车站旁，洁白如玉的花朵已经立满了枝头。天佑斋一号楼和八教人文学院前，也能看到它们俏立寒风中。开得最晚的一株要算二教背后大阶梯旁背阴处的一树形态极佳的白玉兰，玉兰映着红墙，特别有古典韵味。玉兰一般是先长花后长叶，生叶时花已谢，也有极其个别的，花尚能与绿叶相见，比如南区原先公共浴室对面的那一株。

在校园里能见到的玉兰有四种：一种是方才提到的最常见的纯白色玉兰；还有一种是花瓣外侧呈淡紫红色，从底部到尖端渐变为白色的二乔玉兰；风洞实验室沿湖边的花园还有一种深紫红色的玉兰。以上三种都是木兰属的玉兰，还有一种木兰属的广玉兰，在二号教学楼和六号教学楼之间的花坛里能找到，生得雄伟壮观，是常绿不落木，冬天也不会像前面三位落得光溜溜的，叶片油绿肥厚，花开得有盛牛肉面的海碗那般大，像长在树上的荷花似的，霸气十足，不说根本不知道她和前面三位是一家姐妹。

<hr>

1　以下简称"交大"。

在春天里开花才是正经事儿

《长物志》中记载："玉兰，宜种厅事前。对列数株，花时如玉圃琼林，最称绝胜。别有一种紫者，名木笔，不堪与玉兰作婢，古人称辛夷，即此花。"如果按照文震亨的说法，紫玉兰"木笔"连给玉兰作婢女都不配，那木笔也是挺冤的。其实在明代以前，木兰、玉兰、辛夷、望春并不分家，指的都是木兰属的玉兰。我国种植玉兰的历史，可以追溯到春秋时期。屈原就是一个狂热的玉兰爱好者，不仅要饮玉兰花上的露水，还要住玉兰造的房子。"桂栋兮兰橑，辛夷楣兮药房"，桂花木做房子的大梁，玉兰木做椽子，辛夷木做次梁，白芷作房间的装饰；出门乘车也要坐玉兰车，"辛夷车兮结桂旗"，整个儿是一玉兰"花痴"。明代开始，木兰、玉兰才开始分家，但在明末方以智的《物理小识》中，依然称："玉兰即是木兰。"一直到了清代吴其濬的《植物名实图考》中，才彻底把它们分清楚了，"辛夷即木笔花，玉兰即迎春。余观木笔、迎春，自是两种：木笔色紫，迎春色白；木笔丛生，二月方开；迎春树高，立春已开"。紫的是木兰，白的是玉兰，所以是两种花，如果要按照颜色区分，那么吴先生要是不幸看到了今天半紫半白的薄荷玉兰、金黄色的蝴蝶玉兰、黄鸟玉兰，还有粉红色的白云玉兰，可就得活活累死了。所以甭管它们是什么颜色，都可以叫玉兰，也就是了。

关于辛夷，在中药里，特指玉兰未开时毛绒绒的花蕾，是治疗风寒和鼻炎、鼻塞的良药，药方流传久远。马王堆一号坑中，就曾出土过在熏炉中保存良好的辛夷。老北京有一种手工玩意，叫做"毛猴"，也是以辛夷为主材料制做的，用蝉蜕做头和四肢，用辛夷做身子，配上其他小道具，做成小猴子的模样。小时候我去北京探亲，赶上年节，庙会里还曾见过有卖毛猴的小摊，这些年再去，倒是没见过了。

玉兰好看，还很好吃。《纲目拾遗》记载："消痰、益肺和气，蜜渍尤良。"新落的玉兰，做玉兰茶、玉兰花米粥、玉兰花蒸糕、玉兰花炒肉片……都是时令美味，用时拾新落的玉兰花就好。

关于玉兰，还有一个小梗，未经考据。《闲情偶寄》中提到玉兰："世无玉树，请以此树当之。"玉兰素来有"玉树"之称。

摄地点：二号教学楼

　　杜甫在《饮中八仙歌》中称赞崔宗之"宗之潇洒美少年，举觞白眼望青天，皎如玉树临风前"。一座白玉雕成的高树确实美丽，但为什么要放在风前？如果换做是玉兰树，那就容易理解了。所以玉树临风中的玉树，没准指的是玉兰。

　　美男如花，君子如玉，春天果然是个容易萌发少女心的季节呀！

【 迎春花 】

 属　素馨属

 科　木犀科

 目　捩花目

借问芳名——西南交通大学风物志

 Jasminum nudiflorum

摄地点：虹桥

迎春花

"迎春花"这名字取得太过通俗，就像是百家姓里的前几名，后面单加一个"亮""丽""伟""芳"字，在人群密集处高喊一声，就能赚来一片回头。

春天里开得较早的花，都可以叫"迎春花"，玉兰也占了很久"迎春"的名字。小朋友们围上来，问东问西，但凡不认识的小黄花，眼一闭通通叫"迎春"，管它是连翘还是棣棠，就算是有人纠正，也可以大喇喇地说："别称"。

中文学名的迎春花，是木犀科素馨属的灌木植物，虽然在春光里拔得先筹，但大概是生得不够惊艳，所以，好的声名并不算太多。

明代王象晋的《群芳谱》作为一本关于植物的科普性读物，用词尚算中性，谈及迎春花，也要先抑"虽草花"，然后才有"最早点缀春色，亦不可废"，告诉人们别直接将其当野草拔了；《花经》里批她是"七品三命"，中下之流；《三柳轩杂识》中干脆直接说其为"迎春花为僭客",意思是嫌弃她掂量不清楚自己的斤两,这般模样也敢先于百花开放,"黄花翠蔓无人顾,浪得迎春世上名"。

《红楼梦》里的"四春",元春是身份高贵的贤德妃;探春虽是庶出,但颇负才情;惜春生性冷淡,却擅画作;唯独二姑娘迎春是个"二木头",性格软弱,人也木讷。下人敢欺负她、偷她东西,大丫鬟被带走她也一言不发,甚至最后被父亲抵债嫁了"中山狼"被凌虐致死,倒也真算是人如花名。

不仅不放过它的名字,迎春花连其嫩黄的花色都要被诟病两句。"黄金偷色未分明,梅傲清香菊让荣",它便得了个"金腰带"的诨名。宋代赵师侠借这个诨名作诗讽人"东皇初到江城,殷勤先去迎春。乞与黄金腰带,压持红紫纷纷",连带它名字里的"迎"有阿谀奉承之感和花色金黄一并骂了进去,嫌它小人得志,仗势欺人。迎春花可算是要被冤出六月雪了,明明被欺负的一直是它。

为迎春花鸣不平的,最出名的要算是白居易了。白居易夸迎春"幸与松筠相近栽,不随桃李一时开",又劝世人"凭君与向游人道,莫作蔓菁花眼看"。虽说这是赞美之词,但是多少都还带着居高临下的怜悯,酸腐之气溢于纸面。凌寒独开是因为有幸和松树、竹子栽在一起,沾染了他们的气节。"蔓菁"就是大头菜,莫不是他白居易向游人反复解释,迎春花也就与大头菜花无异了。

爱说什么说什么吧,就像是汪曾祺先生在《人间草木》中替栀子花出气一样:"我就是要这样香,香得痛痛快快,你们管得着吗?"迎春花遍生祖国大江南北,阡陌市井,开得金光灿烂,拦都拦她不住,当之无愧是春光里最耀眼的花儿。

交大,春水初生时,从八号教学楼对面的石桥旁望下去,迎春花的蔓条染了浓沉的翡翠色,六瓣鹅黄色的小花开得素雅明净,在流水声中,趁着远方半枕湖波的图书馆,那景致别提多令人心驰神往了。此时每有人问及："那小黄花是什么呀？生得可真好看呀！"总不免会心一笑，搭句闲腔："是迎春呀，春天来了。"

【垂丝海棠】

目

薔薇目

科

薔薇科

属

苹果属

借问芳名——西南交通大学风物志

拉丁学名 Asplenium flores

只恐夜深花睡去，
故烧高烛照红妆。
——苏轼

拍摄地点：四号教学楼

垂丝海棠

说来有趣，最初认识"海棠"倒不是海棠花，而是奶油蛋糕、饮品杯缘或是菜品摆盘做点缀的"小樱桃"。小时候总不顾大人"不洁"的阻拦，闹着、争着、偷着也要吃那殷红长柄的小果，口感脆生生的，满是蜂蜜冰糖味儿，后来才知道那是海棠蜜饯。

错把海棠当樱桃，海棠花也经常易被错认成樱花。

海棠在中国古代颇受推崇，现代却因为有个和她长得特别像、名声又特别大的好亲戚樱花，所以被抢去了风头，再加上还有个八竿子打不着但名字却要碰个瓷的秋海棠捣乱，所以每年春来，海棠花粉粉嫩嫩地开了一树，却经常被一些小可爱们指着喊："樱花开了，快来看樱花啊！"真是有理也说不清。

经常被搞混的一般是垂丝海棠或是西府海棠与早樱。乍一看，这两种花确实没什么区别，细看的话，樱花花瓣边缘有个豁口，海棠则是圆整的。樱花叶子脉络分明，边缘有明显的锯齿状的刺，还有明显的叶尖；海棠叶子则是椭圆形的，细齿也不明显。

在春天里开花才是正经事儿

按照明代王象晋所修的《群芳谱》所记："海棠有四种,皆木本,贴梗海棠,丛生,花如胭脂;垂丝海棠,树生,柔枝长蒂,花色浅红;又有枝硬略坚,花色稍红者,名西府海棠;有生子如木瓜可食者,名木瓜海棠。"我们一般意义上所指的海棠,就是这四种。它们四个中,西府海棠和垂丝海棠的关系比较近,同属蔷薇科苹果属,区别在于西府海棠的花梗是绿色的,花朵向上开,而垂丝海棠的花梗是紫红色的,格外纤长,花朵下垂。贴梗海棠则和木瓜海棠关系比较近,同属蔷薇科木瓜属,特点都是贴着树干开花,没有花梗,区别是贴梗海棠花色正红,而木瓜海棠呈桃花色,也被叫作"木桃",就是《诗经》里那个"投我以木桃,报之以琼瑶"的木桃。

在交大最常见的海棠是垂丝海棠和贴梗海棠,北区园区直对商街的那一树垂丝海棠每年开得最早,综合楼前大草坪上的四列垂丝海棠则是交大每年春天的拍照胜地。西府海棠至今只在校史馆前见过一棵,《群芳谱》里记载:"海棠盛于蜀,而秦中次之。"西府海棠正是因为生于西府,即今天陕西宝鸡而得名。所以,交大处于蜀地,盛其他两种海棠,而鲜见秦中的西府海棠,也在情理之中。

张爱玲在《红楼梦魇》中说到人生三恨:"一恨鲥鱼多刺;二恨海棠无香;三恨红楼梦未完。"

海棠无香这个说法由来已久,先前提到的《群芳谱》中也有提及,《长物志》中也记载:"昌州海棠有香,今不可得。"其实苹果属的花多少都有清香,垂丝海棠清淡到几乎不可闻,但西府海棠基本上香得比较明显了,木瓜属海棠则确实无味,草本植物秋海棠则是另一码事,但也确实无香。

说到《红楼梦》,海棠可以算是《红楼梦》中最重要的花了。怡红院最初题名"红香绿玉",后来元妃省亲改名为"怡红快绿",指的就是怡红院中的西府海棠和芭蕉。西府海棠不但占了曹先生颇多笔墨,在后文中也是作为重要的线索存在着。四大丫鬟中生得最标致的晴雯死去时,西府海棠死了半边,宝玉说是应在了晴雯身上,所以小丫头杜撰晴雯做了芙蓉花神,宝玉也就信得顺理成章了。而后死了半扇的西府海棠又复生,本该在三月开花,却

摄地点：二号教学楼

在十一月盛开，大观园一边说是吉兆，贾母为此开了海棠宴赏花；另一边则说是凶兆，花妖作祟。果然后来宝玉失玉、元妃薨逝、黛玉香消、贾府被查抄……这株西府海棠，可算是"眼见他起高楼，眼见他宴宾客，眼见他楼塌了"。

到这里，似乎忘了一提大观园里众才女姊妹创办的"海棠诗社"。海棠诗社得名，是因为咏贾芸孝敬宝玉的两盆难得的白海棠。起"海棠诗社"是在夏末初秋，这时候开白花的海棠，只能是秋海棠科的秋海棠了。秋海棠是草本植物，大叶子一群花，生得特别艳俗，属于离退休老干部阳台专用花系列。清代小说《镜花缘》中，上官婉儿将百花借"师、友、婢"之意分为上、中、下三等，其中，海棠位列"十二师"，而嫣红腻翠的秋海棠则被贬在"十二婢"里。见过的最好看的秋海棠，要算是俗名叫"玻璃翠"的，她生得晶莹剔透，让人忍不住总想捏两下，又被人告知有毒不能下手，着实郁闷，加上这名字耽误我认识正主海棠多年，总归是有怨恨的，即便还未见过什么珍贵的白色秋海棠，也不大有兴致了。

【櫻花】

属 櫻属

科 薔薇科

目 薔薇目

借问芳名——西南交通大学风物志

014

拉丁学名 Cerasus

愿如释尊，物化阳春，
望月在天，花下殒身。
——西行法师

●摄地点：×桥

樱花

提起樱花就想起日本。

关于这一点，没有任何存疑。

每年早春，日本专门机构都会像预测天气预报一样，发布"樱花前线"，即日本国境内樱花预计开放的时间。从福冈到札幌，樱花盛景占领了这个狭长而气候不一的岛国，一整个春天。全世界的人们追着"樱花前线"，展开了一场全民"樱狩"行动。

"在樱花树下喝酒，是日本人的特权。"

三月，在日本又被称为"樱月"，日语里有一个专门的词汇叫"花见"，就是指观赏樱花。在樱花盛开的时节，心灵手巧的女人们一早准备了花见团子（樱花、白糯米、抹茶做的三色成串的年糕）、水信玄饼（樱花果冻）、樱饼（樱叶包裹的樱花糯米豆沙点心）和各式与"樱"有关的物什，人们坐在樱花树下，喝酒唱歌，或是只是静静的一个人，走过满是落樱的小道。

"樱花飘落的速度是每秒5厘米。"在日剧或是日本电影中，樱花出现的频率，恐怕只有"奔跑"的场景能与之一较高下，更不用说，日本从古至今各大诗人、作家、歌手对"樱"的偏爱。

其实在日本最早的诗歌总集《万叶集》中，樱花并不是主角，梅花却占了主要篇幅。（《万叶集》之于日本，相当于《诗经》之于中国，很巧的是，两者都以民歌集萃为主，贵族作品是少数）这主要是因为，《万叶集》的成书在奈良年间，相当于中国的盛唐时期，此时的日本受强大的唐文化影响颇深，赏花的情趣自然也追随唐人，以赏梅为主。及至平安时期（相当于中国的中晚唐到北宋时期），贵族文学和贵族审美引领日本文化产生了蜕变似的独立，这一时期，以《源氏物语》《枕草子》为代表，日本文学迎来了它的黄金时代。樱花，这一日本本土花树，也浓墨重彩地登上了历史的舞台。以喜爱樱花的嵯峨天皇为标志，他在宫中举办了日本历史上第一次"花见"，而他的儿子，明仁天皇干脆把御所紫宸殿（南殿，是举办天皇即位、立太子、修法等最庄严仪式的地方，此外，唐代大明宫的第三大殿也叫紫宸殿，群臣在紫宸殿朝见皇帝，称为"入阁"，唐明皇就曾在紫宸殿前让群臣拿嘴摘樱桃，这一段趣事，我们在讲樱桃时再细说）前原本右边种棵橘子树、左边种棵梅花树，改成了右边种棵橘子树、左边种棵樱花树。所以，在这一时期成书的日本和歌集大成者《古今和歌集》中，樱花一跃成为了主角。以"樱花诗人"、《山家行》的作者西行法师为代表，他用一生的时间吟咏樱花，为日本樱花文化做出了不可磨灭的贡献。

"樱花七日"，这句日本俗谚，是说樱花从盛开到凋谢，只用七天的时间。日本作为一个饱受地震、海啸、火山之苦的国度，形成"物哀""侘寂"的美学一点也不令人意外。"第六天魔王"织田信长在其辞世歌中感叹"人生五十年，如梦幻泡影"。"太阁"丰臣秀吉在其全盛时期，亦在醍醐寺广植樱花，又在盛大到青史留名的"醍醐花见"之后，匆匆辞世。

在日本文化里，有"千本"这个概念，单独的"鸟居"不过是朱红色的门框，还不如中国的"牌坊"来得精致，但组合成伏见稻荷神社的"千本鸟居"就成了不得了的人文景观。"千本樱"也是同理，樱花一齐盛开时的壮丽和一齐凋谢时的壮美，确实与日本的人文精神相符。

由此，从某种意义上来说，樱花在日本的发家史，即是日本文化的发迹史。

摄地点：图书馆

其实学术界一说，樱花起源于喜马拉雅山脉，冲绳地区的寒绯樱和喜马拉雅樱就非常相似，据《中国植物志》记载："樱花主要分布于我国西部和西南部，以及日本和朝鲜。"但今天大部分的观赏樱种，大多都源于日本原产的大岛樱、大山樱杂交培育而成。

在交大，晚樱的数目居多，第四教学楼前和图书馆边都多见，北区校车站向鸿哲斋的夹道也有部分早樱。早樱和晚樱的区别在于前者是单瓣，后者是重瓣。交大的晚樱有三种，纯桃红色的是关山樱，白色带樱红外圈的是松月，白色带淡粉色外圈的是一叶。

"小园新种红樱树，闲绕花枝便当游。"春天，要是没有机会去日本凑热闹，在交大校园里像白居易那样绕着樱花花枝春游，想必也是极好的。

属　樱属

科　蔷薇科

目　蔷薇目

 Cerasus pseudocerasus

摄地点：四号教学楼

樱桃

"樱桃好吃树难栽。"未识樱桃之前，先磨出耳茧的，大概就是这句俗语了。老派港式武打片，头发花白的世外高人捋着白花花的长胡子，笑眯眯地告诫求成心切的年轻人："树难栽，树难栽。"

樱桃树有多难栽，倒也不见得。近年来，樱花树齐刷刷地长得漫山遍野都是，和樱花树是双胞胎姐妹的樱桃，生长习惯自然没差多少，姐妹俩同属蔷薇科李亚科，只不过中国把樱属独立了出来，其实按照国际惯例，普遍上认为樱属也是属于李亚属的。绕了一大圈，简单一点来区分樱桃和樱花就是，用来观花的是樱花，用来吃果的就是樱桃。

中国人一向奉行实用主义，所以樱花文化没有在中国兴起，但樱桃却一直都被我们奉为水果中的座上宾。

樱桃，古称莺桃、含桃，因莺鸟含食而得名。莺属的小鸟，体型纤弱小巧，参考黄鹂。黄鹂能含着的，自然不是我们今天市面上常见的大个紫黑的欧洲甜樱桃（也就是车厘子，cherries 的音译）。欧洲甜樱桃是近代才引入中国的，中国土生的樱桃则像诗书里描写漂亮女子的嘴巴一样，小巧水灵。

关于中国樱桃的史料记载，可以一直追溯到《吕氏春秋》和《礼记》中，"天子在仲夏，羞以含桃，进献宗庙"。早在周朝，樱桃就作为上等果品，用于天子祭祀祖先。自汉以后，樱桃更是成了皇帝在祭祀后赏赐重臣的必备之品。这一风俗到了唐代登峰造极，《唐语林》中记："明皇紫宸殿樱桃熟，命百官口摘之。"唐玄宗李隆基就曾让百官在紫宸殿外，用嘴巴摘樱桃，想到平时衣冠楚楚的大臣们，在树下蹦来跳去像鸟儿一样啄樱桃，画面也是太美不敢看，只能说你们唐朝皇帝真会玩。

吃了皇帝的樱桃，当然得表示感谢。于是就有了如王维的《敕赐百官樱桃》、张籍的《朝日敕赐百官樱桃》、白居易的《与沈、杨二舍人阁老同食敕赐樱桃玩物感恩》这样标准的樱桃体感谢信。

樱桃先于百果成熟，自然多招莺鸟啄食，成熟的樱桃又极不易保存，连我们今天采摘保存樱桃都是难题，何况古人。所以古人以樱桃为贵，也就不奇怪了。说到这里，樱桃好吃树难栽，没准也是个传串了的口误，也许并非是"树难栽"，而是"熟难摘"也犹未可知。

这么珍贵的樱桃，吃起来当然要讲究一点。《景龙文馆记》中记载："上幸两仪殿，命侍臣升殿食樱桃，并盛以琉璃，和以杏酪，饮酴醾酒。"琉璃盏里盛着樱桃，樱桃上还要浇上杏酪。关于杏酪，《随园食单》记录了它的制作方法："垂杏仁作浆，绞去渣，拌米粉，加糖熬之。"唐朝人特别喜欢吃甜食，甚至发明了类似于制作奶油的工艺，把牛奶发酵，煮成奶渣，分离出奶油，凝结之后就成了"酥"，掺上蜂蜜、蔗糖，微微加热，就可以滴成各种造型，冰冻之后颇像今天的冰激凌。将制成的奶酪和樱桃拌在一起，就成了另一种著名的唐代小吃"酪樱桃"。

唐代的这些甜食吃法影响深远，《金瓶梅》中的李瓶儿就是拿手的"蛋糕裱花师"，点的一手上好的酥油泡螺（参考今天的泡芙）。李瓶儿去世后，西门庆在郑爱月处再次吃到这道菜，怀念斯人，泪如雨下。《红楼梦》中的晴雯，也是因为一盏酥酪得罪了李奶妈，李奶妈也成为晴雯之死的主要凶手之一。好吧，为了口好吃的，老祖先们也是赌上了作为"吃货"的尊严。

摄地点：南区鸿哲斋

　　交大的樱桃树，在四号教学楼前对称生着两棵，虹桥前也有几株，每年春来，花开如云，等到结果的时候就没那么幸运了，经常被折得遍体鳞伤。所以世间樱花树常见，而樱桃树却只敢生在果园。"獐死于麝，鹿死于角"，不得不说，是一种悲哀了。

属　桃属

科　蔷薇科

目　蔷薇目

拉丁学名　Amygdalus persica L.

桃之夭夭，
灼灼其华。
——《诗经·国风·周南》

摄地点：机车博物园

桃花

千古文人桃花梦。

如果说提起樱花就会想到日系小清新，提起郁金香就会想到风车国荷兰，那么桃花这个意象，实在是不能更有中国韵味了。

桃是我国本土的原住民，种植历史达三千年。20世纪80年代，一首"在那桃花盛开的地方，有我可爱的故乡"红遍了大街小巷，成为风靡一时的国民歌曲，至今依然时有人传唱。也难怪，桃在我国的分布从东三省直至海南岛，连青藏高原都没放过，林芝地区每年三月都要举办桃花节……所以说，谁的故乡里，没有一树桃花呢？

"桃花流水鳜鱼肥"，国人深爱桃，大抵是因为农耕民族骨骼里多少都浸透着一些实用主义。桃是一种特别接地气的植物，不挑气候，不挑水土，种植三年就可以结果。花好看，果好吃，桃仁可以入药，《本草纲目》记载："桃仁行血，宜连皮、尖生用"，树干分泌的凝胶又叫"桃花泪"，和皂米、木瓜、银耳一起炖糖水，美容养颜……这么实在的植物，在物质不够丰盛的农业社会里，作为重要的食物补充，当然广受人民群众的喜爱。

人民群众喜爱，自然关于桃的文学作品也就像桃本身一样，

【桃花】

拍摄地点：九号教学楼与图书馆之间，碧桃

在中华大地千年的历史上层出不穷，广为传颂。从中国古代诗歌的开端《诗经》开始，历朝历代的文人墨客都为桃花不惜笔墨。陶渊明的《桃花源记》，更使得"世外桃源"成为所有文人的精神故乡。武侠小说里也要有黄药师的"桃花岛"，一岛四季不败的桃花瞬间使得黄老邪在四大宗师中的格调如阳春白雪、卓尔不凡，不用比武功，单就生活品味，其他三位就逊了一筹。

"南国有佳人，容华若桃李。"关于桃花的意象，最多的还是被运用在了情诗里。美人如花，如什么花好呢？如梅花，孤傲了些；如牡丹，俗艳了些；如兰花，清冷了些；如菊花……那得是什么脸色啊！思来想去，还是又亲民又美艳的桃花是国民偶像，桃花美人，是一想之美。"去年今日此门中，人面桃花相映红。"春秋时期著名的美人息妫，因其绝代芳华、面如桃花被称为"桃花夫人"，红颜殒没后，后人还为她立了桃花庙，唐代诗人刘长卿路过此处，感怀佳人，有"寂寞应千岁，桃花想一枝"之叹。

"最是人间留不住，朱颜辞镜花辞树。"明代文震亨的《长物志》中记载："桃性早实，十年辄枯，故称'短命花'。"因桃树六七年便开始老化，十年后则容易枯萎，树龄不长，于是后来的桃花除形容美人色好之外又与"红颜命薄"约等了起来。"舞低杨柳楼心月，歌尽桃花扇底风"的李香君、红楼梦里写了《桃花行》"冷月葬花"的林黛玉，都合了"夹路桃花新雨后，马蹄无计避残红"的伤怀。

这样说来的桃花，未免有些寂寥了。但桃子的形象却一直都是健康、积极、向上的，最著名的便是王母娘娘的蟠桃宴。另外，年画里的寿星恨不得连脑袋都长成寿桃的模样。

说到神话传说，不得不一提"桃木辟邪"。《山海经》记载："东海度朔山有大桃树，蟠屈三千里，其卑枝东北曰鬼门，万鬼出入也。有二神，一曰神荼，一曰郁垒，主阅领众鬼之害人也。"桃木驱鬼的说法，大概也就是从这里衍生流传开来的，后世也把手持桃木剑的神荼和郁垒的形象，画成画，一左一右贴在门上，两位自此晋升成了门神。

在交大，也零星种植着许多桃树，有普通的桃花，单瓣，萼片深红，花无梗，花叶同时生长，非常容易辨认。还有一种重瓣的桃花，是观赏型的桃树"碧桃"。鸿哲斋 8 号楼临湖，有一小片桃林，春水初生时，极为迷人。在交大的一个隐藏的小角落里，还生着一树洒金碧桃，一朵重瓣的桃花白中掐着粉红的丝缕，特别好看，有兴趣的同学可以自行去寻宝了。

【紫叶李】

 目

薔薇目

 科

薔薇科

 属

李属

借问芳名——西南交通大学风物志

026

拉丁学名 Prunus cerasifera Ehrhar f. atropurpurea(jacq.) Rehd

白锦地衣红锦障，
侵晨供张等侬来。

——杨万里

拍摄地点：四号教学楼

紫叶李

　　紫叶李可以算是广植我国大江南北的劳模绿植了。北方人叫它的中文学名"紫叶李"，南方人多叫它的别称"红叶李"。说它是"绿植"有点名不副实，紫叶李多数的时候不够好看，因为叶子是暗沉的紫红色，又多种在尘土飞扬的路边，饱受汽车尾气的摧残，暗沉沉的。在交大，最早见到它们的身影是在南门机车园旁的共青林，后来陆陆续续的，交大很多地方遍植紫叶李。那时特别不明白，长得这么阴郁的树木，连它隔壁樱属的开得花团锦簇、绿意盎然的郁李都要抱怨一句："比起紫叶李我哪里'郁'了？"万绿丛中种两棵搭配一下颜色也就算了，为什么要成片地种？在成都本来时常就灰沉沉的天空下，一片紫叶李简直像一大片负气压团。

　　直到立春时节，料峭风寒，冬衣还紧紧地裹在身上，出门时，忽然就看到了千重雪盛放。成都的冬天鲜见落雪，就算是偶尔飘落的那么一小阵，也难以成气候。紫叶李在此时，像是要把冬天里欠下的雪景，都还回来似的。

　　不像垂丝海棠、东京樱花经常傻傻分不清楚，开花时，紫叶李紫红色油亮的小叶片衬着洁白如雪的小花，显得花朵格外醒目。花本来就开得娇小，花瓣圆整，又开得分明，也不重瓣，一朵是一朵，少有两朵凑在一起的，最妙的是那些含苞的，一个个圆滚滚的，像新雪初落、凝在枝头的小雪球一般。比之晚于它开放的那些热热闹闹的花儿，紫叶李格外清丽乖巧，惹人怜爱。

春来，始知它努力生长的意义。

虽然开放得早，但相对而言，紫叶李的花期要算比较长了，熬完了几乎和它同时开放的玉兰，还能熬到樱花、海棠谢尽。最绝妙的时候就是一场春雨过后，细密的花瓣湿漉漉地铺了一地，不少小姑娘穿着双小白鞋和落花合影，颇有"街南绿树春饶絮，雪满游春路"的意味。

作为李属的紫叶李，它也没有辜负其名。春去夏来，常年低调的紫叶李也会结出鸽子蛋大小的紫红色果实来。

"浮甘瓜于清泉，沈朱李于寒水"，"浮瓜沉李"是能想到的最美好的消夏情趣。不过紫叶李作为一株观赏性植物，果子就长得相当随心随性了，跟《哈利波特》里的魔法怪味豆似的，要么酸要么涩，运气好的个别清甜，基本没什么品尝价值，反正结果子也不是它的义务。

但就算是这样，紫叶李依然难逃厄运，每年结果的时候，总有附近的居民来校园里采摘，摘也就罢了，连树枝都折下来就很过分了。也曾上前问过，又不好吃，摘来做什么呢？被告知，直接吃不了，还能兑着蜂蜜冰糖榨果汁、熬果酱呀……好吧，换谁都得气一场，也难怪紫叶李生得这么阴郁了。

【梨花】

借问芳名——西南交通大学风物志

030

目　蔷薇目

科　蔷薇科

属　梨属

拉丁学名　Pyrns spp.

多少断云心上事，

结成香梦是梨花。

——王镃

梨花

　　在中国古典文化中，梨花因其白，常和雪一并作比。关于梨花最朗朗上口的一句诗，要属岑参的"忽如一夜春风来，千树万树梨花开"。这说的倒不是梨花，是"胡天八月即飞雪"的雪花。梨花因其白，在春天里那些嫣红翠绿中，独树一帜。区分梨花和其他蔷薇科姐妹的难度，相对来说算是入门级。除了白，花药紫红色是最显眼的标志，所以林黛玉《咏白海棠》中所说的"偷来梨蕊三分白，借得梅花一缕魂"就不是很妥当了，估计她是把李花错认为梨花了。

　　因梨花似雪白。古时梨花还有一个美妙的别称"香雪"。李渔先生的《闲情偶寄》中写道："雪为天上之雪，梨花乃人间之雪；雪之所以少者香，而梨花兼其美。"不过，虽然雪在古人心目中常常与高洁划等号，梨花却没有蹭上古人尚白的热点，究其原因，还是名字的过错。南朝医药家陶弘景在《本草经注》中言："梨中殊多，并皆冷利。多食损人，故俗人谓之快果。"文震亨在《本草经注》中也记有"梨者利也"。依此为据，梨应该因此得名。但古人又有爱玩谐音的习惯，比如墙壁上挂双鞋取"辟邪"之意，亮着灯就是"等"，梨也就跟着中枪，取"离"之意，于是就有了"玉容寂寞泪阑干，梨花一枝春带雨""寂寞空庭春欲晚，梨花满地不开门""棠梨花映海棠树，尽是生离死别处"，都不是什么吉祥之意，梨花也就跟着被《花经》贬入"五品五命"，和同取"雪"意，位列"一品九命"的"梅"悬若霄壤。

关于梨花之白，还有一个被玩坏了的促狭梗，苏轼取笑好友张先80岁娶18岁的小妾，说："鸳鸯被里夜成双，一树梨花压海棠。"苏轼以梨花白喻白头。古时老夫少妻并不鲜见，"樱桃口""杨柳腰"的来源就是白居易晚年时（六十余岁）侍奉他的两位小妾（二十余岁）"樱桃樊素口，杨柳小蛮腰"樊素、小蛮二人；秦淮八艳中的柳如是拒绝了一串风流公子，嫁给了东林名士钱谦益，据说两人情话说得特别甜蜜："我爱你乌黑头发白个肉""我爱你雪白头发乌个肉"……以今天恋爱自由的价值观来看，只要双方都是成年人，你们开心就好。不过另一对"梨花""海棠"就不免令人有些唏嘘了。秦淮八艳中的才女马湘兰，偏偏喜欢上了落魄文艺男中年王稚登，然后就发生了"多情女子薄情郎"的惨案。王稚登收了马湘兰他人万金追逐而不可得的画，一家人也拿了马湘兰送的礼，但就是生耗着马湘兰。王稚登七十岁大寿时，五十岁的马湘兰耗资带着一船歌舞乐伎前往苏州为王稚登祝寿，王稚登却给了马湘兰致命一击——"卿鸡皮三少若夏姬，惜余不能为申公巫臣耳"，你真是今年二十明年十八越活越年轻，像那"杀三夫一君一子，亡一国两卿"的妖妇夏姬，可惜我不能做和你私通的申公和巫臣。"宴饮累月，歌舞达旦"，马湘兰归去金陵后，大病而亡。

最怕的，是以情相欺。

交大的梨花，生在二教前的虹桥边。春波碧草，梨雪随风飘散，千古诸事，美人如斯，当浮一大梨花白。

【山茶】

 属　山茶属

 科　山茶科

 目　山茶亚目

拉丁学名 Camellia japonica

江上年年小雪迟，
年光独报海榴知。
——李嘉佑

摄地点：九号教学楼

山茶

关于山茶，最天花乱坠的一段描写，要算《天龙八部》中，段誉唬他未来丈母娘王夫人的一节："大理有一种名茶花，叫作'十八学士'，那是天下的极品，一株上共开十八朵花，朵朵颜色不同，红的就是全红，紫的便是全紫，绝无半分混杂，而且十八朵花形状朵朵不同，各有各的妙处，开时齐开，谢时齐谢，夫人可曾见过？"王夫人与段正淳的定情信物正是茶花（书中原文是"我对你的心意，永如当年送你一朵曼陀花之日"，王夫人是曼陀山庄的女主人，在山庄内广植的却是茶花，茶花虽然也有曼陀花的外号，但是和正经中文学名的曼陀花，是完全不同的两种植物）。那年头又没有靠谱的生物学，段誉直唬得王夫人"不由得悠然神往，抬起头，轻轻自言自语：'怎么他从来不跟我说？'"于是段誉趁热打铁，一连扯出一串"八仙过海""风尘三侠""美人抓破脸"等一系列茶花名种，不仅逃过了做人肉花肥的一劫，金老先生也凑够了交稿的字数。

"十八学士"茶花确有此物，不过书中描写未免夸张，单是朵朵不同这一点就只能靠嫁接技术来解决了，齐开齐谢就更过分

035

了。所谓"十八学士"是因为这种茶花长得特别有"强迫症"，开成整整齐齐的六角塔型，多为十八层，可见没文化真可怕，一见山茶误终身，也算是山茶引发的重大人身事故了。

玩笑归玩笑，茶花在我国原产地是西南三省，以云南为主，这一点倒是不错的。在古时，山茶又名"海榴"，这就要牵扯出一桩山茶和石榴千年以来纠缠不清的公案了。"海榴"在古代各时期的花卉、风物专著记载中，均或有所混杂，或语焉不详，以清代御修的《御定佩文斋广群芳谱》为代表，记载石榴时写道："有海榴，来自海外，树高二尺"，记载山茶时又有"有海榴茶，青蒂而小"，官方出品都这么没谱。其实，都不用祭出分类学、拉丁文学名这种级别的法宝，茶花和石榴，一眼看过去，哪都长得不一样，之所以会有所混杂，这个锅可能还得由古代人的命名习惯来背，但凡不是中国本土的生物，我们习惯冠以它们"番""海"，陆路而来的多为"番"，如"番茄"，海路或是南方而来的多为"海"，如"海椒"（即辣椒，四川方言里至今都保留着海椒的叫法）。石榴是由张骞自西域安国带来的，又称"安石榴"；而云南地处边陲，交通不便，当时中日两国亦有往来，日本土生的山茶与中国土生的山茶也有互换的记录。所以，打南边来了个山茶，打北边来了个石榴，撞在一起，就为了个"海榴"之名，缠绕在了一起。

说起来扑朔迷离，其实分辨古诗中的"榴花"到底是石榴还是山茶还是不难的。山茶的花期是从冬月一直到次年开春，所以温庭筠的"海榴开似火，先解报春风"、皇甫曾的"腊月榴花带雪红"，自然说的都是山茶；石榴的花期是在初夏，欧阳修的"五月榴花妖艳烘"指的就是石榴了。实际上，中晚唐之后，山茶就基本上脱离了海石榴之名，以山茶之名自立门户了。

说到日本的山茶，在日语里写作"椿"，关于山茶的记载，可以追溯到奈良时期的《万叶集》中，除了"椿"的日本称法，他们也随唐人称山茶为"海石榴"。关于"椿"这个叫法，庄子《逍遥游》中，有"上古有大椿者，以八千岁为春，以八千岁为秋。"这个椿，放在中国大概就是"椿芽炒蛋"的那个"椿"，但放在日本就成了山茶花。山茶的树龄可以算是极长，在浙江大罗山化成洞，有一株树龄逾 1200 年的古山茶，日本的国胜寺内也有一株树龄约 350 年的山茶。在日本古时，"椿"也一直作为长寿之木，每年春季，不少寺庙都会为之举办"椿祭"（"祭"在日语是节日的意思）。椿的形象在日本发生嬗变，是在江户时期。如果说奈良崇梅，平安尚樱，那么江户就是山茶文化最盛行的时期。这一时期日本武士道的精神完全成型，而山茶花落，与普通花一片一片地凋零不同，而是一整朵毅然决然地整体掉下来，豪壮而凄美，所以又称"断头花"，与武士们重义轻死的特质十分吻合，所以山茶又受到了另外一种意义上的追捧。

"椿花落了，春日为之动荡。"在交大，山茶可以在九教中庭里，X 桥向图书馆方向的绿荫道旁找到，皆开正红色的花朵。

山茶花落，结的种子，是上好的油料，常用来做高档的化妆品。说到化妆、装扮，还有一件略显促狭又十分有趣的小梗值得分享。小仲马的文学巨著《茶花女》（在日本自然是译作《椿姬》）写到社交名媛玛格丽特，随身时时刻刻都饰有茶花，故而被称为"茶花女"，有一个细思极恐的小细节，说她每个月总有五天戴着红花，其余时间都戴白花。小时候阅读课，语文老师说，这一细节，真是写尽茶花女万种风情，当时没能听明白，长大了才发觉，可怕还是有文化的人最可怕！文学大师，太坏了。

目 毛茛目

科 木兰科

属 含笑属

拉丁学名 Michelia yigo

百步清香透玉肌，
满堂皓齿围明眉。
——施宜生

摄地点：天佑斋 15 号楼

含笑

北区校车站向四食堂的行人道旁，种着一路乐昌含笑。花生得小巧，羞赧地藏在绿叶之间，但清甜的果香气却遮掩不住。春日晌午，路过芳树，每每不免加重腹中饥饿。待到饱腹归来，阳光微醺，含笑古玉色的花朵在暖风中轻轻荡漾，那等风姿，始知"如玉容颜绝世姿"，古人诚不我欺。

《遯斋闲览》中记载："其花常若菡萏未敷者，故有含笑之名。"这是说含笑开花经常不全开，像荷花（菡萏是荷花的别称）没有开足，"犹抱琵琶半遮面"，如美人含笑，所以得了如此风雅的名字。按照常理，含笑花开如小家碧玉，又有矜持之美，加上香气似熟透的苹果香蕉，宜人醉香，又不似栀子浓烈，合该备受古人推崇。但史料中关于含笑的记载，并不多见，主要集中在宋朝，准确一点来说，是南宋时期。

抗金名将，宋高宗时期的宰相李纲有《含笑花赋》，称含笑"南方花木之美者，莫若含笑。绿叶素容，其香郁然……国色无敌，秀色可餐，抱贞洁之雅志，舒婉娈之欢颜……破颜一笑，掩乎群芳"。这可谓是对含笑有史以来最高等级的评价。也难怪，

壹

在春天里开花才是正经事儿

李纲作为一个福建人，含笑本来就是他故乡之花。这篇《含笑花赋》记录了含笑"移自南国，置于玉堂……是花也，方蒙恩而入幸，价重一时，故感而为之赋"从南方来到北方，承蒙皇帝的赏识，一步一步入主宫廷……说不是借含笑花自夸，含笑花都不信。

含笑本生于广州、福建一带，比较娇气，半阴的天气长得最好，不耐暴晒，不耐严寒，喜欢温暖潮湿的气候，十足十的闺阁小姐。于她而言，江浙、四川一带，已经是她能"嫁"到最北的地方了，再向北，古时候又没有温室植物园。

自古以来，文学审美受政治因素影响的例子俯仰皆是，从南宋盛行含笑之风也可见一斑。著名诗人陆游，听闻傅氏庄的紫花含笑盛开，也急忙划着小船去看花。"日常无奈清愁处，醉里来寻紫笑香。漫道闲人无一事，逢春也作蜜蜂忙。"而在南宋之后，政治文化中心再度北移，含笑也被遗留在了南方，关于她的芳名也只是偶有传颂罢了。

"南朝四百八十寺，多少楼台烟雨中。"如是而已。

目 蔷薇目

科 豆科

属 紫荆属

拉丁学名 Cerci chinensis

摄地点：一号教学楼

紫荆

　　说到紫荆花，人们下意识的反应都是香港特别行政区的标志，飘扬在区旗上的"洋紫荆"。其实俗名"洋紫荆"的紫红色大个头花真正的属类是羊蹄甲属，因为它们家族的叶子就像羊蹄子似的，尖端开裂成两瓣。20世纪80年代，"洋紫荆"首次在香港由当时的一位港督发现。但真正中文学名是紫荆的，却别有他物。

　　我们今天要说到的紫荆，是豆科正儿八经的紫荆族紫荆属的紫荆。开花要在晚春时候，有时候临近夏日，它都还是灰白色干干净净的几根枝条。忽然在某一天呢，紫红色米粒大小的花朵密密麻麻地开得满树都是，紧紧地绕着树枝，连树干都不放过，给诸位密集恐惧症患者冷不防一个巨大的惊吓，直到桃心形的叶子生出来，才能稍微安抚一下受伤的小心脏。

　　大概是因为紫荆花一个挨着一个，生得这么团结友爱，所以自古以来，紫荆在文学作品中一直都是作为象征兄弟和睦的意象而存在着的。

　　南朝《续齐谐记》中记述着这样一段逸闻："京兆田真兄弟三人共议分财生赀，皆平均，唯堂前一株紫荆树，共议欲破三片。

明日，就截之，其树即枯死，状如火然。真往见之，大惊谓诸弟曰：'树本同株，问将分斫，所以憔悴，是人不如木也！'因悲不自胜，不复解树，树应声荣茂。兄弟相感，合财宝，遂为孝门。"兄弟三人分家分到庭院前的紫薇树，居然要把树砍成三片来分……这也算是人如其名，真天真，估计紫荆树是被三兄弟这智商活活气到暴毙的。

不管怎么说，这个故事流传下来之后，紫荆就被冠以了"兄弟树"之名，杜甫的《得舍弟消息》、窦蒙的《题弟臮〈述书赋〉后》、陈著的《梅山弟家醉中》，都有用到紫荆树的这一意象。

紫荆的辨识度非常高。在交大，宿舍楼区、四食堂前都能轻易找到它们。在中药中，紫荆的树皮和紫荆的树叶都可作为外敷方用于消肿镇痛，《伤科汇纂》《伤科补要》，甚至少林寺《铜人簿》《少林正宗嫡传骨伤秘籍禁方》（别笑，这是很正经的医方，收录在中医古籍出版社出版的《伤科集成》里）均有记载。

壹

在春天里开花才是正经事儿

045

【 泡桐 】

借问芳名——西南交通大学风物志

拉丁学名 Paulownia fortunei

摄地点：八号教学楼与九号教学楼之间

泡桐

"三月冻桐花。"

读书的时候，年少贪凉，冬春交际时，天气热了一周，就匆匆换上了单衣，然后被次日一场猝不及防的寒流冻成重感冒。四川同学笑话我，"三月冻桐花"，急不得的。觉得这说法有趣，忙追问来历，他们也多半含混不清，只说家里老人都这样讲，倒春寒的意思。

《蕙风词话》中，倒是有这样一段记载："蜀语可入词者，四月寒名'桐花冻'。"由此看来，蜀地春天里的妖蛾子天气，自古及今，一直都有。

成都的四季算不得分明，但清明是个特别标志性的节气。不到清明，从不敢收冬衣，过了清明，就是夏天。桐花就是清明的节气花。

古人不太分"梧桐""泡桐"，哪怕今天在分类学上，他们不同科也不同属，是八竿子打不着的关系。但古人一句"桐种大同小异"（见《六家诗名物疏》）也就略过去了，更不要说再细分毛泡桐（紫花泡桐）和白花泡桐。梧桐是梧桐科的植物，和我们今天的主角，玄参科的泡桐，是完全不同的树种。唯一让人感到有些困扰的是，前一阵子，正在学古琴的学妹（也是本书植物图鉴的绘制者），纠结古人所制的"桐木琴"所用的到底是梧桐木还是泡桐木。

据传，"伏羲见凤集于桐，乃象其形，削桐制以为琴"，四大名琴中的焦尾琴，也是因蔡邕听到吴人烧桐木生火做饭，"闻火烈之声，知其良木，因请裁为琴，而其尾犹焦"。我们一般说的桐木家具，都是泡桐木，泡桐生长极快，容易成材，纹理甚美，但质量很轻，木质松软；梧桐木质地坚硬，成长成可用的木材，耗时极长而难得佳品。哪一种更适合做为古琴的材料，还真是悬案。

桐木虽然难以分辨，但是古人诗中的桐花，指得一定是泡桐树的花。白色或者紫色，在春天里开成一串小喇叭。

《周书》有记："清明之日，桐始华。桐不华，岁有大寒。"这大概是桐花作为"清明之花"的源头。古时清明、寒食两节相近，寒食却并非清明。寒食节有冷食禁火的传统，家家户户要灭掉冬天所用的全部火种，到了清明再重新钻木取火。韦庄"寒食花开千树雪，清明火出万家烟"所说的正是这一习俗。唐宋时期，清明取火是一项重要的官方仪式，据《春明退朝录》中记载"唐惟清明取榆柳之火赐近臣戚里，宋朝唯赐大臣，顺阳气也"，桐花正是这一仪式的见证者，大臣们领了御赐的火种，自然也要上书感谢信，"伏以桐花初茂，榆火载新""节应桐花始筵开，禁苑新推恩缘旧""节及桐华，思颁银烛"说的都是这一仪典。

"红千紫百何曾梦，压尾桐花也作尘。"桐花在清明左右开放，到了谷雨前后便和百花一起凋谢，所以桐花一直也是古人伤春时的重要意象。

每年八教和九教之间的林荫路，还有虹桥水畔的桐花开，连绵成半空中的一片紫云梦时，总能勾起孩提时的一些甜蜜的回忆。小时候总爱拾新落的桐花，尾端有透明的凝露，甜滋滋的，含不够，沿着放学路，紫色的花雨下了一路，也追逐着拾了一路，像只小松鼠似的。这样的趣事，仿佛也和春天一样，一下子就变成了久远的回忆。

桐花作为"殿春花"，花谢了，春光也就逝去了。

"若有人知春去处，唤起同来住。"

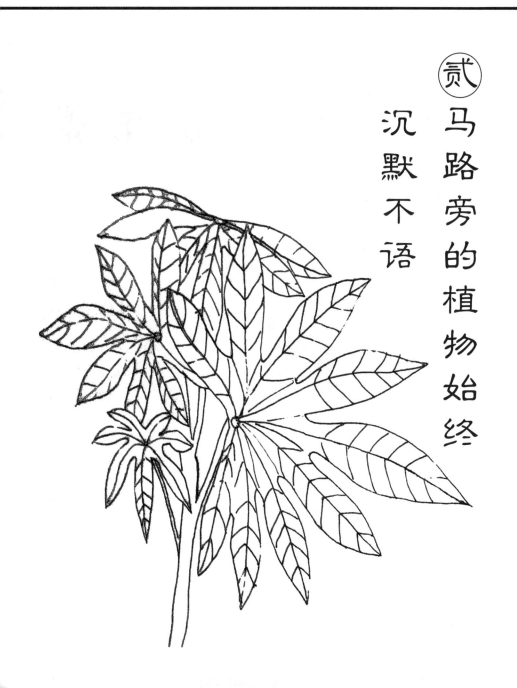

贰

马路旁的植物始终

沉默不语

目　毛茛目

科　木兰科

属　鹅掌楸属

拉丁学名　Liriodendron chinense

相思黄叶落，
白露湿青苔。
——李白

摄地点：南区鸿哲斋

马褂木

在交大分割生活区和教学区的主干道旁，生长着两排不太引人注目的行道树。春来时，莺飞草长，杂树生花，它们也安安静静生了新叶。等到了春末夏初，百花开厌，在绿叶掩映间，它们才羞答答地生出浅黄色倒钟式的花朵，花萼却是绿色，叶片又生得浓密，本身作为行道树，实在是太过低调，所以这么别致的花朵，也鲜有人关注。

这两排行道树叫马褂木，又名鹅掌楸，得名的缘由是它们极具辨识度的叶片，像件小衣服，特别是秋天，叶子金黄，风一吹，满树的黄马褂，哗啦啦的，煞是好看，落在地上，又像白鹅肥乎乎的脚蹼。马褂木别致的花朵，也带给了它美丽的英文名"Chinese Tulip Tree"，长在树上的中国郁金香。属于木兰科的鹅掌楸和玉兰算是亲戚，花朵也有淡香气，十分雅致。

马褂木是中国特有的珍惜孑遗植物，是地球上活化石级别的树木，在北半球纬度较高的区域（如北欧、格陵兰）白垩纪地层中均发现了它的化石。在第四纪冰川期，它们大部分的同伴都已经灭绝了，只剩下中国马褂木和北美鹅掌楸两种鹅掌楸属的植物。

马路旁的植物始终沉默不语

053

拍摄地点：南区鸿哲斋与虹桥之间

两者的区别在于叶片"短袖"的"袖子"处，北美鹅掌楸还要再多出来一对叶尖，像袖子外面多长出了两个犄角，不成"衣服"的样子。论花的话，北美鹅掌楸的花朵要大一些，呈鲜艳的金黄色，还有明显的橙黄色条纹。如果一株树两种叶子都有，而且花朵是大个显眼的金黄色而非浅黄绿色，那就是杂交马褂木了。杂交马褂木在交大北区宿舍楼前可以找到。

因为马褂木是制作家具的优良木材，早年间遭严重砍伐，加上自身繁殖能力极差，现在马褂木已经属于濒危物种，被列为国家二级保护植物。

马褂木对二氧化硫等有毒气体具有抗性，种在空气污染严重的地方也没有关系，经最新实验研究，马褂木对PM2.5的消解能力也是单株植物中最为强悍的。校园里有了它们的安静守护，读书工作的同学老师们，也会感到十分安心吧。

属 风铃木属

科 紫葳科

目 管状花目

拉丁学名 Tabebuia chrysantha

如果我爱你，
绝不像攀援的凌霄花。
——舒婷

摄地点：风洞实验室对面的小花园

黄钟木

　　春花，夏实，秋叶，冬枯。四时皆过，四时有四时的好。

　　黄钟木俗称"黄花风铃木"，是交大校园里的新住客，在九教和风洞实验室之间的小花园里可以找到它们的存在。清明前后，黄钟木原本光秃秃的树枝，突然挂满了一串串金黄色的风铃，十分明亮，特别耀眼。

　　黄钟木并不是我国土产植物，它的故乡在遥远的中南美洲，是巴西的国花，近年来作为观赏类的行道树在我国南方广泛种植。在国内倒是有它的一门远亲，藤本植物的凌霄花和它同属紫葳科，不过黄钟木作为木本植物不需要靠藤蔓攀援，花朵自己俏生生地立在枝头，模样更像我们俗称"攀枝花"的木棉树。

　　等到夏日来临，黄花落尽的时候，原先的枝头就会结出一把浅咖色毛茸茸的"尾巴"，果实极像传说中的九尾狐，"修炼"不到位的只有一两根，"修炼"成精的有一大把，挂在树梢上，像狐妖们开会似的，蔚为壮观。

　　一直到此时，黄钟木才迟迟抽出嫩绿的新芽，然后在秋日里，绿得一树繁盛，但冬来时，又干净利落毫不留恋地落成一树枯枝，支棱棱、光秃秃地站在那里。四季过得极为分明。

　　爱开一朵黄花就开一朵黄花，爱结一树尾巴就结一树尾巴。这位新客人，以它最独立的方式，在交大安了家，虽然生在一隅，毫不张扬，但每一个经过它的人，都会为它的特别而驻足。

　　树在结它的种子，风在摇它的叶子。我们站着那里，看着它，就十分美好了。

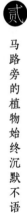

【 八角金盘 】

目 伞形目

科 五加科

属 八角金盘属

花

果

借问芳名——西南交通大学风物志

060

拉丁学名 Fatsia japonica

未闻人语，八角金盘花寂寂。
——种田山头火

摄地点：九号教学楼

八角金盘

八角金盘是南方特别常见的绿化植物，在交大，教学楼的背阴处、沿河边，甚至不起眼的道牙旁都能找到它的身影。八角金盘喜欢温暖湿润的气候，不耐强日照，10℃～25℃是最适宜它生长的温度，成都这样经常晒不到太阳却又水汽十足的地方正适合。

古语"青蝇吊客"比之于植物，最贴切的怕就是我们的八角金盘了。

"青蝇吊客"，出自《三国志·吴志·虞翻传》的"生无可语，死以青蝇为吊客"，生前无一知己可诉衷肠，死后只有苍蝇前来凭吊，何等寂寥。

作为一株不太起眼的路旁灌木，八角金盘的日常确实鲜有人问津。直到秋末初冬，百花凋零，八角金盘算是迎来了生命中最灿烂的日子。11月前后，八角金盘会探出花箭，开出一树"乒乓球"来，单朵花非常娇小，花盘金黄，边缘白色，伸出几个小触手（雄蕊）来，组成一个碳 60 分子式的模样，在寒风凛冽中，开得热热闹闹的。但是，作为"不群之芳"虽然引人侧目，但在这个时

贰

马路旁的植物始终沉默不语

061

节，大多数的昆虫都进入了休眠期。据研究，能为八角金盘授粉的只有一种胡蜂和两种蝇类，所以不少家养八角金盘的人，常抱怨它招苍蝇，也算是冤屈了这位"青蝇吊客"。

八角金盘虽然叫"八角"，但要细数它的叶片，能逼死强迫症的同学。八角金盘宽阔如手掌的叶面，很少有见八个"手指"的，不是七爪，就是九爪，大概也是为它取名的人数得不耐烦，干脆取个平均值，八角金盘，没毛病。

花谢之后，原先的花柱上会长出像单颗黑葡萄一样的浆果，内含种子，小鸟会啄食，小朋友们也喜欢把它们当弹药，玩厌了，就在地上踩来踩去，脏兮兮的。

在八角金盘的故乡日本，它有一个别称，叫"天狗的团扇"（天狗の団扇）。在日本传说中，天狗不是吃月亮的那个天狗，而是大红脸，长鼻子，长着一对翅膀，穿着僧服木屐，手持团扇，居住在山里力量强大的妖怪。据说源义经还曾拜天狗为师，学习武艺兵法。天狗在日本，可以算超人气妖怪。大概是因为天狗的形象逐渐与山神重叠在一起，所以山中常见的、叶面像扇子一样的八角金盘也被当作了天狗的法器，自然也就被赋予了驱邪的力量，成为日式庭院和插花衬叶的常客。

在我国，"八角金盘"之名最早见诸清代吴仪洛撰写的《本草从新》："苦辛温，毒烈，治麻痹风毒，打扑瘀血停积。树高二三尺，叶如臭梧桐而八角，秋开白花细簇，取近根皮用。"不过据祁振声先生考据，吴仪洛记载的八角金盘并不是从日本漂洋过海而来的这一位，而是我国土产的"八角枫"。这样说来，我们现在所说的八角金盘，叶子确实不是八角，也确实不像臭梧桐。不过，八角枫却要长得再高些，四五米都常见，二三尺显然打不住。当然，这就是另话了。

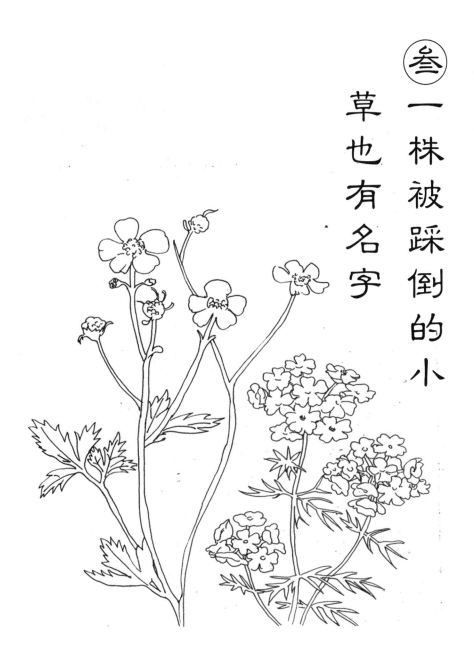

叁 一株被踩倒的小

草也有名字

属
蛇莓属

科
蔷薇科

目
蔷薇目

拉丁学名 Duchesnea indica

受弄绿苔鱼自跃，
惯偷红果鸟无声。
——吴融

摄地点：综合楼

蛇莓

如果要评选得名最冤枉的植物，蛇莓可以算是能排上号的。《日用本草》中记载："蚕老时熟红于地，中空者名蚕莓；中实极红者名蛇残，乡人不敢食。"不知道是从什么时候起开始流传，草地上生得一个个通红似小草莓的小果实，是蛇的食物，学名叫蛇莓，俗称蛇泡儿、蛇麓、蛇含草……总之是和蛇脱不了关系。抱着求真务实的态度，我还真询问过几个"爬宠狂魔"，都不曾有人见过哪种蛇吃这种小果的。

大抵是蛇莓蜿蜒匍匐的茎似蛇所以被误看了，或是我们潜意识里认为色泽鲜艳的果实必然有毒，于是大人吓唬小孩子，免得小朋友乱吃坏东西，所以编了瞎话，流传了下来，蛇莓就背了这个恶名。

蛇莓没有毒，据说个别人吃了会闹肚子。李时珍先生也在《本草纲目》中辟了谣："俗传食之能杀人，亦不然，止发冷涎耳"，可见蛇莓只能使人呕吐恶心而已。不过小时候，不知道谁告诉我蛇莓是野草莓，于是从小我就喜欢漫山遍野地捡蛇莓吃，倒也没闹过肚子、犯过恶心，顶多是吃多了胀肚子，撑。至于蛇爬过或

一株被踩倒的小草也有名字

是蛇流口水会把毒液留在蛇莓上，更是无稽之谈，蛇毒那么珍贵，蛇留着保命都来不及，怎么会随处乱吐。遛宠物的时候，猫猫狗狗会在蛇莓上留点"记号"倒还是可能的。

　　虽然说可以吃，但蛇莓的口感远没有它的样貌看起来那么诱人。儿时也是图个新鲜，一咬像咬着个小气球似的，空落落的，怪有趣的。交大综合楼下草坪里的蛇莓生得最多又特别水灵，红彤彤的，在阳光下胀得晶亮，如今的我虽已成年，依然时常忍不住揪一个尝尝，果不其然，几乎没有任何味道，也有运气不好时，酸得一个激灵。心血来潮吃上一个，也就作罢了。

【 毛茛 】

  目

毛茛属

毛茛科

毛茛目

拉丁学名 Ranunculus japonicus

不见葜荡花，

狂风吹不落。

——白居易

拍摄地点：**五号教学楼与六号教学楼之间**

"下雪啦！下雪啦！雪地里来了一群小画家。小鸡画竹叶，小猫画梅花，小鸭画枫叶，小马画月牙。不用颜料不用笔，几步就成一幅画。青蛙为什么没参加？它在洞里睡着了。"

今天要说的毛茛，多少和这篇小学语文课文有点关系。

毛茛是一个大家族的统称，家里的小伙伴，名字都很可爱。生在旱地上的腊梅状小黄花，因为长得很像猫科动物的小肉垫，故叫作"猫爪草"，古时人称"老虎脚迹"，大概是只幼年"萌"虎。其英文名叫 butter cup，意为"黄油杯子"，大致是因为花朵上有一层我们今天所说的"蜡"一样的物质，油亮油亮的；水边生的毛茛有个特别酷炫的名字叫石龙芮，诗经中的植物"薞"，说的就是它。

毛茛的拉丁文学名为 ranunculaceae，原意是小青蛙的意思，大概是因为毛茛的叶子有点像小青蛙吧。别看这些小黄花不起眼，它们和鼎鼎大名的芍药、牡丹还有中草药乌头都能攀上亲戚，最大的共同点，是叶子都长得很像芹菜。

专门观花的毛茛叫花毛茛，别名洋牡丹、芹叶牡丹。花朵像

叁

一株被踩倒的小草也有名字

牡丹一样重重叠叠，各种各样的颜色都有。奶油蛋糕上裱花的花朵和婚纱上的饰花多半以花毛茛为原型，很有少女感。花毛茛也是插花届和捧花届的常客。

值得注意的是，毛茛科的植物都含有原白头翁素，有毒，虽然以毒攻毒可以治病，但是我们寻常人家，路边的野花，还是不要采为妙。

目　百合目

科　鸢尾科

属　鸢尾属

拉丁学名　Iris tectorum

堪赏东君造化奇，
装成蝴蝶满纤枝。
——寇准

摄地点：天佑斋1号楼

蝴蝶花

许多色彩妖艳的花，别名都叫蝴蝶花，比如三色堇、琼花还有凑热闹的蝴蝶兰。中文学名叫蝴蝶花的这一位，平日里我们见她，一般唤她的家族名——鸢尾。

中文学名叫鸢尾的特指花开深蓝紫色的鸢尾花，交大北区鸿哲斋楼下种植的那一地"大葱"，春末夏初时去看她们，就开成了一地"蓝蝴蝶"。蝴蝶花在交大倒没有成气候的成片种植，但若是细心总能在宿舍楼的背阴处发现几株，颇有些孤芳自赏、空谷幽兰的气质。

之所以会被命名为蝴蝶花，还是由于一本明末清初时期成书的《秘传花镜》。"蝴蝶花类射干，一名鸟翼。叶如薄而阔，其花六出，俨若蝶状。黄瓣上有赤色细点，白瓣上有黄赤细点，中抽一心，心外黄须三茎绕之。春末开花，多不结实。至秋分种，高处易活，壅以鸡粪则肥。"这段记载可谓是将蝴蝶花描写得惟妙惟肖。蝴蝶花古又称"玉蝴蝶"，专门还有个同名的词牌名。纯白色的蝴蝶花倒不常见，多为淡蓝色或是玉青色，六瓣花中生有类似蝴蝶翅膀上的假眼，被称为"蝴蝶花"，确实十分贴切。至于书中所提的"射干"，也是鸢尾大家族的一员，在中药里特指"射干"这种鸢尾花的根茎，别名"开

一株被踩倒的小草也有名字

喉箭"，望文生义，自然也是治疗咽嗓痛的药物。

　　"鸢尾"这名字听起来文艺，但"鸢"可不是什么温驯的鸟儿，"鸢"是老鹰的一种，所以"纸鸢"就是老鹰风筝。鸢尾花虽然生得柔弱，但它的叶子摊平了一整把看，就像是老鹰展翅飞翔时的尾羽了。因为叶子左右交叠着生，儿时总小心翼翼地拆一叶下来，把空隙那面抿在嘴里一吸，清脆的一声哨响，也算是满足了不会吹口哨的小朋友一个小小的愿望。

叁

一株被踩倒的小草也有名字

一株被踩倒的小草也有名字

【 酢浆草 】

目　牻牛儿苗目

科　酢浆草科

属　酢浆草属

借问芳名——西南交通大学风物志

076

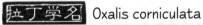
拉丁学名　Oxalis corniculata

摄地点：南区体育场

酢浆草

"找到四叶三叶草，就能找到幸运。"这个说法不知道是从何时起因什么原因流传了起来。总之，少年时，每逢大型考试或是要与心上人告白，总有人呼朋唤友一起去找四叶草。这个心理阴影一直保留到了现在，每逢看到路边的"三叶草"，总忍不住要多留意两眼。

关于"三叶草"究竟是哪种小草，小伙伴们还是有争议的。争议漩涡中心的两位是白车轴草和酢浆草。白车轴草就是总开着白色乒乓球状小花的那一位，通常有三片叶子，叶片中部有一道白边，手拉手连成一个圈。白车轴草叶片的变异率很高，很容易就能找到四片的，我曾经用四叶白车轴做了一打书签。而酢浆草的异军突起要归功于嗅到了商机的商家。有一阵子很流行四叶草的饰物，项链、手链、手机链……做饰品当然不能用白车轴草那么傻大笨粗的，大约只有小指甲盖大小的"四叶草"自然成为小女生们的新宠，因为和酢浆草长得极像，而酢浆草的叶片变异的概率又极低，难找极了，所以我一度认为这些"四叶草"饰品定价高昂也是理所应当，直到我认识了另一种叫"田字萍"的植物。"田字萍"水生，叶片大小和模样都和酢浆草差不多，区别在于酢浆草单片叶子是桃心形的，而田字萍是水滴状平滑无凹陷的。田字萍生来就是四片叶子，一点都不难找……

酢浆草是一个非常庞大的家族，一般只有春来时等到它们开花才能知道它们的本名。开红花的就是红花酢浆草，开黄花的就是黄花酢浆草，开白花的就是白花酢浆草，像双色冰淇淋甜筒的就是双色酢浆草，叶子是紫色三角形的就是紫叶酢浆草（再这么凑字数我大概会被编辑活活打死）……也有种任性的酢浆草生来就是四片叶子，叫铁十字酢浆草，叶片从中心到叶片中部都是铁锈红色的，得名也是因为像德国的铁十字勋章。

小小的酢浆草非常常见，花盆里一不小心就长出两根来，总被当作野草毫不留情地就被铲除了，过一段时间不看，却又长出更多的来。知道它的名字却是在很久之后，以前家里阳台上也种着一盆红花酢浆草，妈妈叫她夜合梅，因为到了晚上，花朵和叶子就会闭合起来，到第二天日出时再重新展开，甚是有趣。

关于"酢"字，也曾闹过笑话，错读成"杂酱"，一度怀疑它和某种面食有着某种关系。"酢"是多音字，读 zuò，是回敬酒的意思，另一读音是通假字，和"醋"同音同义。酢浆草显然不是酿酒的料，但你要摘一片放嘴里，嚼一下，酸得能头皮一麻。酢浆草也是因此得名，感兴趣的同学日后在交大见着了它，不妨尝一尝，也请记得它的名字，"醋浆草"。

目　管状花目

科　马鞭草科

属　马鞭草属

拉丁学名　Verbena hybrida Voss

陌上花开，
可缓缓归矣。
——钱镠

摄地点：综合楼

美女樱

春日里，绿油油的草坪上开出了星星点点的小野花，美则美矣，但若并非专门研究植物的人们，多半对它们提不起兴趣来。抄近路的时候踩倒一片，小朋友们过家家采走一片，宠物们撒欢打滚压塌一片……其实这些任我们欺凌的小花，都有很美的名字：夕雾、千日红、点地梅、紫云英、阿拉伯婆婆纳……

美女樱也是路旁小野花豪华套餐的一员。提及美女樱这个中文学名，大俗大雅的，不甚容易被记得，但美女樱所属的马鞭草家族，可算是鼎鼎大名。

马鞭草在欧洲一直作为一种宗教植物存在，传说信徒在耶稣受难的十字架下面发现了马鞭草，用它为耶稣止血，所以马鞭草经常被用于宗教仪式中装饰祭坛。中世纪，欧洲巫术之说盛行，马鞭草作为驱魔神药，感冒了加一点，受伤了敷一点，熬制春药也放一点……包治百病。大热的美剧《吸血鬼日记》也化用了这个梗，马鞭草成为了驱除吸血鬼的重要道具……在已经破除了封建迷信的今天，马鞭草的作用主要是用于制造护肤品，以及各大小景区用于伪造薰衣草花海。反正都是紫色，吃瓜群众一般都分不清楚，其实除了花色相近，哪都长得不一样，看到一团一团小花朵一个一个分明的，基本是马鞭草，而薰衣草的花成穗状，叶子稀疏，长得也慢，喜欢干爽和阳光，在南方基本上是长不好的，特别是在又潮湿又没有阳光的成都。中国最漂亮的薰衣草田在新疆伊犁，去不了普罗旺斯的同学，可以开始做新疆的攻略了。相比薰衣草，马鞭草就容易种植多了，花期也要比薰衣草长很多，造价也便宜多了。

马鞭草虽然是个大家族，但是一般所称的马鞭草特指开蓝紫色花的这一种。美女樱的颜色可就多了，红、白、粉、珊瑚色……开成一球小阳伞的模样。单色和复色皆有，家养的时候特别容易爆盆，如果有个小院子，种一些各色的美女樱，花期又长，又小巧可爱，很快就能让整个院子温馨起来。

在交大，各处草地中都能找到美女樱小小的身影。最多的，还是在交大综合楼前的花坛里。蓝紫色的一群小精灵，甜美极了。

小时候只喜欢看一树繁花，读书时也不觉得陌上花开的景象，有什么好看的，只觉得万事万物牵扯上爱情，都要被颂扬一番。随着年龄的增长，如今反而更喜欢路边这些不甚起眼的小野花，春来散步时，记得也偶尔俯下身子，看看她们。

【 车前草 】

属　科　目

车　车　车
前　前　前
属　科　目

借问芳名——西南交通大学风物志

084

拉丁学名　Plantago asiatica L.

采采苤莒，薄言采之。
采采苤莒，薄言有之。
——《诗经·国风·周南》

拍摄地点：图书馆与二号教学楼之间

车前草

还是小孩子的时候，我贪玩爱闹，一疯起来，时常顾不得喝水。春夏之交，天干物燥，这段时间就时不时地要喊腰疼。大人总嗤一句："小孩子家家的，哪里有腰"，看无人管，于是改喊肚子疼。有经验的阿婆一看，这是馋虫馋牛舌，上火了。

牛舌就是车前草，椭圆扁长的叶子，像牛舌头一样。结了籽的不要，专门采鲜嫩嫩的车前草，洗干净，开水焯过，细细剁碎，和着肉馅包饺子，采多余了的打个蛋花，煮汤水，鲜美极了。吃了些时日，整个人都要觉得爽利些。可以说，记忆中的整个童年的春天，味蕾都是车前草的味道。

车前草，一听这名字，就知道是贱生贱养的小草，生在车前，不是找轧么。在交大，各处草地上都能找到它们，割草机一过，倒下一大片，没过几天，又结结实实地长了出来。

关于车前草的得名，一说是因为汉朝的一位将军，塞外打仗，补水不及时，士兵淋沥不畅，尿痛尿血，车夫见到也有此症状的马儿吃了车前的野草，不治而愈，于是也采来给士兵服用，果然奏效，将军就将这种草命名为"车前草"。

一株被踩倒的小草也有名字

车前草入药，早在《神农本草经》中就有记载。诗经中"采采苤苢（fú yǐ）"中的苤苢，根据《毛传》中的注释："苤苢，马舄。马舄，车前也。"《韩诗》也注："直曰车前，瞿为苤苢。"叶子平直的车前草，应该就是我们今天所说的平车前，叶子有弧度的车前草应该是大车前。《诗经》中的这一篇，记录了当时人们花式采车前草的样子，摘了叶子，捋了种子，放在衣襟里，欢快地兜着回家。

说到"苤苢"，还有一说，指得并不是车前草，而是薏苡（苢也可以作苡），如闻一多先生的《匡斋尺牍》中就考证苤苢是薏仁，主要原因，还是怪《山海经》中的那句："苤苢，木也，实似李，食之宜子，出于西戎。"车前草和薏苡，都是草本植物，所结的种子，哪个都不像李子。《草木疏》中倒有说车前草："幽州人谓之牛舌，又名当道，其子治妇人生难。"而医书中的苤苢，指得均是车前草。

无论如何，一株路边不甚起眼的小草，在古代的漫长岁月里，救治了无数人的疾苦，委实可以算是功德无量。

唐代诗人张籍，因患眼病，好友韦文君特地不远千里寄给他车前草所结的车前子，于是有诗《答韦开州寄车前子》："开州午月车前子，作药人皆道有神。惭愧文君怜眼病，三千里外寄闲人。"车前草不挑长地，中国绝大部分地区的草地、田间、路边都能找到它的身影，而张籍特地从古开州（今天重庆一带）邮寄五月份采的车前子，也可以算是"千里送鸿毛，礼轻情意重"了，不失为一段佳话。

【黄鹌菜】

目
桔梗目

科
菊科

属
黄鹌菜属

拉丁学名 Youngia japonica

城上黄花散漫生，
溪头绿树忽阴成。

——苏洞

摄地点：七号教堂楼

黄鹤菜

晚春时，第八教学楼前的樱花谢了，大槐树还光秃秃的，平时不起眼的一地小黄花，突然就灿烂了起来，映着红砖墙，瘦瘦高高地站成稀疏的一片，文艺小清新的模样引得不少人驻足拍照。

被人询问植物名时，最怕考到菊科的小黄花。故事里的小黄花，我们从来不知道它们的名字。

小时候跟着妈妈捡野菜，蒲公英、苦荬菜和黄鹤菜，迷迷糊糊地捡了一大把，开水先把乳白色的汁液焯出来，即便是这样，口感依旧不佳。大人说苦口的菜都败火，但我始终吃不出什么好来，大概喜欢苦瓜口感的人会喜欢它们一些吧。

黄鹤菜应该和蒲公英的关系更近一些，主要是叶子有点像，也都会结出毛绒绒的小伞兵。只不过蒲公英开花独门独户，一枝花亭只开一朵，黄鹤菜则开成一束倒伞型。花序同样多的小黄花还有苦荬菜，不过两者的叶片又相差很多，黄鹤菜的叶片是典型的大头娃娃，贴着地生在最底部，越靠花茎越细，叶子边缘胖乎乎的；苦荬菜的叶片则明显苗条多了，茎的上部也会生叶。

黄鹤菜之名最早见诸明代的《救荒本草》。这是一部以救荒为宗

一株被踩倒的小草也有名字

089

旨的植物图谱。"鹌"是一种小鸟，大概也是因为黄鹌菜像麻雀、鹌鹑一样，又小又遍地都是，所以命名也如此随意。借清代吴其濬《植物实名图考》中的形容："此为草芥，剪以饲鹅，盖鸡鹜不争也"，说它不好吃，剪下来喂鹅，鸡鸭都不会来争抢。虽然说它不好吃，但在古代农业社会，吃饭全靠天意，摊上饿殍遍地、易子而食的灾难，小小的黄鹌菜，不知道也是多少人求生的希望。

肆 有翅膀的鸟儿是自由
的化身

【 白鹭 】

属

白鹭属

科

鹭科

目

鹳形目

借问芳名——西南交通大学风物志

拉丁学名 Egretta garzetta

摄地点：犀湖

白鹭立雪，愚人看鹭，
聪者观雪，智者见白。

——林清玄

白鹭

本科的时候，住在天佑斋一号楼，露台正对着架着一座铁锈红色小桥的一汪湖水。那时参加了一个晨读社团，冬春之际，天光未破时，湖畔的一株千叶落尽的高树忽然一夜之间生满了白花，还以为是玉兰开早了，揉揉惺忪的睡眼，定睛观瞧，才发现是一群白鹭栖在枝头睡觉。交大的这一处"小白鹭洲"，可以算是我读书时最为难忘的记忆了。

白鹭生得非常讨喜，周身雪白，体态纤巧，郭沫若有一则《白鹭》，认为白鹤粗大生硬，朱鹭、苍鹭太不寻常，只有白鹭生得"一切都很适宜"，形容为"歌"都"未免太铿锵"，实在是"一首精巧的诗"。

中国文人自古皆有"达则儒，穷则道"的进退修身之法。像白鹭这般姿态风流，又占有可以翱翔天际的自由，在文人墨客落魄之时，得见其芳华，自然是不会放过它的。"穷且不坠青云之志"白鹭是古诗文中，表达闲适旷达和避世退隐的主要意象之一。无论是张志和苦中作乐的"西塞山前白鹭飞，桃花流水鳜鱼肥"，还是李白直抒胸臆的"白鹭下秋水，孤飞如坠霜"，抑或者是苏轼谪贬海南岛时的"贪看白鹭横秋浦，不觉青林没晚潮"，白鹭潇洒而曼妙的身姿，在千百年来的岁月里，抚慰了无数文人孤寂潦倒的时光。

有翅膀的鸟儿是自由的化身

除却作为气度高洁的象征，白鹭亦是节气"白露"的节气鸟。《禽经》中记载"鹭飞则露"，《绍兴府志》也记有"鹭色雪白……山阴濒水人家多畜之，皆训不去，唯白露一日，必笼之，不然飞去"。我们所说的白鹭，其实是白鹭属鸟类的统称，细分之下，还有 13 种白鹭，其中有些种类是夏候鸟，春夏在某些地方繁殖，秋冬再飞去温暖的地方过冬，还有些种类的白鹭是留鸟，白鹭混群居住，在交大也是秋冬数量多而春夏数量少。所以只在白露一天飞去，肯定是不科学的，不肯飞走的，就是留鸟了。

提到繁殖，还有一件趣事。白居易的《白鹭》诗中，有"人生四十未全衰，我为愁多白发垂。何故水边双白鹭，无愁头上亦垂丝。"恩，白先生愁白了自己的头发，顺便也操心了一下白鹭同学头上的垂丝。白鹭当然没什么忧愁，平时羽毛也生得整整齐齐、服服帖帖的，可是，一到春夏，突然就炸毛了。根据品种不同，有的头上长出两根长长的呆毛，有的披挂上一身和狮子鱼一样的蓑衣羽，各种饰羽乱飞不说，脸也不是变成鲜艳的绿色就是变成鲜艳的红色。加上白先生说的水边"双"白鹭，没跑了，肯定是白鹭进入了繁殖期，垂丝是"繁殖羽"，用于吸引异性……心疼白先生，这么忧伤的时刻，还要被强行塞一嘴狗粮。

成都的晴日少见，所以"窗含西岭千秋雪"的景象不常见，但坐在杨柳成荫的河水畔，边读书边看白鹭成行，确实也是在交大消磨闲时的最好方式。

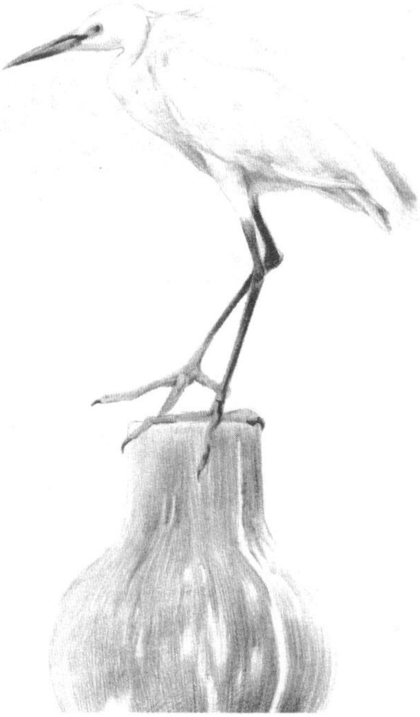

【 白鹡鸰 】

属 科 目

鹡鸰属 鹡鸰科 雀形目

借问芳名——西南交通大学风物志

拉丁学名 Motacilla lugens

唤行摇类急难，
野田寒露欲成团。
——唐寅

摄地点：浙园

"秀才识字读半边"这一不太靠谱的方法，在认大多数"鱼"字旁和"鸟"字边的汉字时，还是颇靠谱的。"鹡鸰"就是其中之一。

未识其名时，我一直叫它"瞎蹦哒鸟"。在交大，鹡鸰或许比麻雀还常见些，经常在湖畔湿地或是草坪上蹦来跳去，大概是因为校园里的学生老师都很和善，所以也不见得它们怕人，就算是恶趣味地追逐它们，也少见它们仓惶齐飞，顶多是撒开两条细脚伶仃的小腿，配合你狂奔一会儿，叫声尖细，清脆穿云。

我的大学室友是个绍兴姑娘，她把这种和熊猫配色一致的细脚小鸟唤作"张飞鸟"，说是，似乎江浙一带的人们都这样叫。鲁迅先生的《从百草园到三味书屋》中记叙了一段"雪地捕鸟"的趣事，"所得的是麻雀居多，也有白颊的'张飞鸟'，性子很躁，养不过夜的。"白鹡鸰得名"张飞鸟"，和它的性子无关，一说是因为像京剧脸谱里的张飞。野生鸟多半都像人们俗说的，"气性大"，说是"气死"，其实"吓死"的是大多数。鸟类的神经非常敏感，稍微有点风吹草动就一惊一乍的，更何况是被迫沾上一身人的气味，再被锁进笼子里，很容易就吓出毛病来了。野鸟一没安全感就不吃不喝，"开食"的少之又少。鲁迅先生捕鸟，用的是秕谷做诱饵，所以捕到的大多数是麻雀。鹡鸰是食虫鸟，捕捉害虫的小能手，偶尔杂食换换口味也吃些谷类。本来就吓得半死，还喂一个肉食主义者一把谷子，白鹡鸰肯定得被活活"气死"。驯化野生鸟，不知道要以多少无辜小家伙的生命为代价，还是让它们在"林间自在啼"吧。

初见"鹡鸰"二字，倒还真不是因为这种小鸟，而是《红楼梦》中，秦可卿出殡时，北静王水溶将一串皇上亲赐的"鹡鸰香念珠"赠与宝玉，宝玉之后又将这一串珍贵的念珠献宝给了黛玉，黛玉却恼道："什么臭男人拿过的，我不要他。"然后"掷而不取"。当时读书，一直觉得黛玉矫情，哪里来得这么大的脾气，人家有心送礼物总归是好的，不喜欢也不至于摔东西。后来才知道，"鹡鸰"是古诗文之中比喻"兄弟之情"的意象。传说鹡鸰这种小鸟，只要一只离群，其余的便会一齐尖叫起来，寻找同伴，所以是"兄弟情深"的象征。《诗经·小雅·棠棣》中有"鹡鸰在原，兄弟急难"，唐玄宗现存的唯一一幅墨迹也是一篇《鹡鸰颂》，依然是感叹兄弟之情。皇帝赐北静王"鹡鸰串"自然是兄弟之间拉亲近，北静王祖上与贾府是世交，所以他本人"不以异性相见，不以王位自居"，秦可卿出丧还专门设了路祭，转赠贾宝玉"鹡鸰串"，自然也是结兄弟之好。但贾宝玉把"鹡鸰串"再转送给林黛玉，这就不对了，我把你当情郎，你却想和我做兄弟？！不怪林妹妹粉面生威，直男送礼的脑回路真可怕，女神太有文化，也真可怕。

至于脂砚斋批"鹡鸰之悲，棠棣之威"不批在此处，我猜想，大抵也和这一段小儿女情长的情节没什么关系，当然学术界就仁者见仁了。一部好作品，大概就是在这些细节之处万分用心，所以日后不管是哪一位读者细想起来，都依然会觉得妙趣横生。

【黑天鹅】

属 天鹅属

科 鸭科

目 雁形目

拉丁学名 Cygnus atratus

Perfection is not just about control. It's also about letting go.

——《黑天鹅》

最地点：图书馆

黑天鹅

西南交通大学 120 周年校庆时，四只黑天鹅作为贺礼，入住了犀浦校区。春日暖阳，四只优雅迷人的黑天鹅在图书馆前的湖泊中悠然自得地游来游去，黑羽红唇，嘴尖的一抹纯白，像偷吃了奶油蛋糕忘记了抹嘴似的。日暮斜阳，它们便宿在小沙洲上。一行一卧，它们所到之处，皆受到了交大学子的相机追随，是校园里风光无限的明星。

关于黑天鹅，最初的印象还是芭蕾舞剧《天鹅湖》，公主被恶魔变成了白天鹅，王子打猎时意外看到夜深人静时白天鹅变回公主，坠入爱河，恶魔诅咒，如果王子背叛爱情，那么公主就永远得做一只天鹅。王子回宫挑选王妃，恶魔的女儿化作黑天鹅魅惑王子，王子被迷惑，公主绝望离去，王子幡然醒悟。这里出现了两版结局：喜剧版王子追随公主投湖殉情，奇迹发生，爱的力量强行发动，正义战胜邪恶，恶魔死去，王子和公主幸福地生活在一起；悲剧版，王子投湖，然后就死了，天鹅被恶魔带走，从此过上了不可描述的生活。

内行看门道，外行看热闹。作为一个外行，最期待的，当然是艳冠群芳的黑天鹅出场，32 挥鞭（就是黑天鹅的舞蹈演员至少得连转 32 个圈），转完只恨不能叫好。这心情大概就像是看凯特·布兰

有翅膀的鸟儿是自由的化身

101

切特版的《灰姑娘》，隔着屏幕都在暗中给后母喊加油。

天鹅，除了非洲、南极洲之外，各大陆均有分布。我国自古也有天鹅，只是"天鹅"这个名词出现的时间大约是在近代，古代时称天鹅为"鹄"，而鹄又经常与"鸿"，也就是大雁连在一起使用，如鸿鹄之志、孤鸿寡鹄，所以被隐去了光辉。黑天鹅却是原产于澳大利亚的珍贵品种，17世纪以前的欧洲人一直以为天鹅都是白色的，直到澳洲大陆被发现，黑天鹅也一起被世人知晓，于是欧洲人的整个世界观都崩塌了。所以后来，"黑天鹅事件"用来指那些完全在经验之外、不可预测的事情。

关于"黑天鹅事件"，我们经常误解它是负面的事情，其实不尽然，和"墨菲定理"不同。"黑天鹅事件"更强调事件的不可预测，"9·11"恐怖袭击是黑天鹅事件，"英国公投退出欧盟"也是黑天鹅事件，包括你突然遇见了命中注定的心上人，也可以算是生命中突然飞进来了一只黑天鹅。

赠送给交大黑天鹅的华为公司，在其总部的天鹅湖中，也养着八只黑天鹅，亦是寓意，在这个充满不确定性的时代里，不确定就意味着无限可能，亦是腾空飞起的无限机会与希望。

满载祝福的黑天鹅在交大安了家，希望它们在交大生活愉快，茁壮成长。

致 谢

　　最后，感谢让本书能够得以付梓的幕后工作者，感谢乔真真、朱炜、周伟、刘亮、蔡京君、陈丝丝、王家峰、韦乔、郭凯琦、师凯凯、王潇、郑月华、罗艺菲、张世杰、张鉴玮、沈彬彬、李芃南、曾潇、李娟、陈金凤、吕世俊、张思敏、李晓易、曹凤婷、茹婕妤、黄锟、姜绍望、闫闯、白玉、黄于鉴、徐聪林、张俊贤、孙浩睿、张雪萍、徐洁、张强、王东媛，谢谢你们在样本遴选、资料收集、文字校对、插图设计等方面的工作上带给作者巨大的帮助与启发，谢谢你们！

作 者

2017 年 7 月